가끔은 길을 헤매도 좋은
유럽 작은 마을 스케치 여행

가끔은 길을 헤매도 좋은
유럽 작은 마을 스케치 여행
Travel Sketches in Europe

다카하라 이즈미 지음 • 김정미 옮김

Kyra

햇살이 뜨겁게 내리쬐는 여름이 오면 저는 여행 가방을 꾸립니다.

　매년 아들과 둘만의 여행을 시작한 지도 어느덧 9년째입니다. 여덟 살 난 아들과 처음 간 곳은 프랑스였습니다. 그 후로 스페인, 포르투갈, 이탈리아, 크로아티아, 영국 등지의 작은 마을을 여행했습니다. 정해진 투어를 쫓아 가는 것이 아닌, 항공과 호텔은 물론 지역 버스나 기차, 식사까지 모두 직접 예약하고 찾아가는 온전한 자유 여행입니다. 그래서 기차를 놓치기도 하고, 버스에 물건을 놓고 내리기도 하고, 하루에 한 끼밖에 먹지 못 하는 날도 있었습니다. 힘겨운 여정에 지칠 만도 한데, 매번 아들이 먼저 이렇게 묻습니다.

　"올해는 어디로 갈 거야?"

　일단 여행지가 정해지면 되도록 마음 가는 대로 느긋하게 시간을 보냅니다. 그러다 마음에 드는 장소나 사물, 사람을 발견하면 바로 그림을 그리기 시작합니다. 가능한 현장에서 보고 듣고 느낀 것을 그리려고 하기 때문에, 때로는 길거리에 오래 서 있고 때로는 담장을 기어 오르기도 합니다. 갓 나온 따끈따끈한 음식을 스케치 하느라 요리가 식어 버린 적도 많습니다. 스케치를 위한 여행이라고 할 만큼, 그림은 저의 여행의 중심입니다.

일상을 벗어난 새로운 장소와 사람과의 만남은 그림에 대한 열정을 다시 일깨워 줍니다. 그들의 평범한 하루하루와 낯설지만 흥미진진한 문화가 어우러져 만들어 내는 분위기를 그대로 스케치북에 담고 싶다는 마음이 샘솟아 오릅니다. 더구나 스케치는 여행을 하며 더 많은 사람을 만나고 다양한 경험을 할 수 있게 해 주는 매개체가 되어 줍니다. 스케치에 빠져 있는 저에게 스스럼없이 다가와 "무엇을 그리냐?"고 말을 걸거나 기꺼이 모델을 서 준 사람들, 집으로 초대하거나 식사를 대접해 주는 다정한 이들은 무엇과도 바꿀 수 없는 소중한 인연으로 남아 있습니다.

유럽의 작은 마을에서 소박한 일상을 엿보고, 한가한 거리를 산책하고, 싸고 맛있는 전통 요리를 맛보는 여행을 통해 '행복은 이런 작은 것에 있는 게 아닌가' 생각하게 됩니다.

제 눈으로 직접 보고 만난 유럽의 모습과 여행에서 얻은 작은 추억을 담은 스케치 90점을 정성껏 선별하여 한 권으로 묶었습니다. 저와 함께 모험하는 기분으로 읽어 주신다면 무척 기쁠 것입니다.

다카하라 이즈미

• 차례 •

I

프랑스
France

파리 *Paris*

에기솅 *Eguisheim*

디종 *Dijon*

스뮈르앙오주아 *Semur-en-auxois*

Roadmap

처음은 프랑스다!
결혼, 출산, 육아로 정신 없던 십 년 후
처음으로 아들과 떠나는 해외여행이다.

"처음 가는 여행인데 너무 무모한 거 아냐?"
프랑스의 작은 마을을 돌아보겠다는 내게
친구가 걱정을 늘어놓는다.
누구나 잘 아는 유명 관광지 대신
프랑스 사람들의 일상 속으로 들어가고 싶었다.
그들의 소박한 웃음을 그리고 싶었다.
이것이야말로 나의 스케치 여행에서
절대 양보할 수 없는 부분이다.

아들과 함께하는 프랑스 여행

카페 테라스에서
먹는 빵

Bon voyage!

잼과 와인을
파는 가게

중세의 모습 그대로
성벽에 둘러 싸인 마

호텔의
아침
(8€)

그림책 같은 풍경!

색칠은 즐거워

빵은 어디서 사도 맛있다

축제♪

우리 호텔은 최악

어디든 그림이 된다!

와인 가게 앞에서

Alsace

기차 3시간

PAR AVION

Île-de France

Eguisheim

8/30~9/1

기차시간반

Dijon

9/2

기차 3시간

함께 점심

친절한 마담

8/24~30 · 7/6

Semur-en-Auxois

9/3~5

버스 1시간

Bourgogne

La POSTE

1 Page

작은 문

취해서 미안

아이 참!

200년된 아파트

부엌

작은 앤티크 가게에서

우리집 올래?

2kg의 목제 개방(30€)

Pivot

할아버지의 초대에 쫄래쫄래 따라간 나

3층에서 본 풍경

Paris
파리

파리에서의 첫날.
아침 일찍 허기진 배를 안고
호텔 근처 마레 지구로 향했다.
오래된 목조 인테리어가 멋진 카페는
아침을 먹는 사람들로 분주했다.
출근길 회사원, 아이를 데리고 온 엄마,
단골손님들이 긴 테이블을 가득 채웠다.
덕분에 파리지앵의 일상을 담뿍 담아낼 수 있었다.
르팽코티디앵Le pain quotidien은
나중에 알고 보니 현지에서 인기 좋은 카페였다.

Paris - France

앤티크 수예용품점 울트라모드Ultramod.
아기자기한 쇼윈도에 끌려
나도 모르게 상점으로 들어섰다.
구석구석 형형색색의 단추와 리본, 실과 옷감.
상점 자체가 보물상자 같아서
한번 발을 들이면 시간이 어떻게 흐르는지 모를 정도다.
언젠가 다시 파리에 올 날을 위해
꼭 기억해 두고 싶은 곳이다.

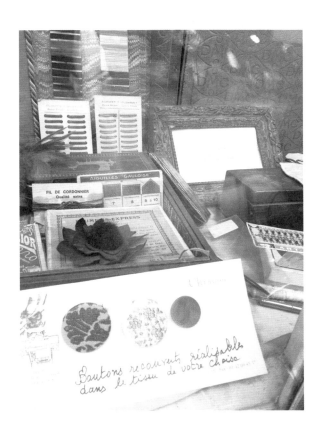

뤽상부르 공원 Jardin du Luxembourg은
파리에서 가장 아름답기로 손꼽힌다.
나무 그늘 사이에서 느긋하게 시간을 보낼 수 있는
파리 사람들이 사랑하는 휴식처다.
그곳에서 만난 멋쟁이 할아버지는
한여름에도 가죽 모자, 구두, 코트를 차려입었다.
댄디한 그 모습을 몰래 화면에 옮겼다.

paris
France

오랜 역사를 지닌 파리의 아케이드 상점가를
파사주passage라고 한다.
'통로', '샛길'이란 의미의 파사주는 18~19세기에 조성되었는데
유리 천장과 모자이크 타일 바닥이 특징이다.
상점가를 어슬렁어슬렁 걸어 다니다
한 장난감 가게의 쇼윈도 앞에 멈춰 섰다.
스케치를 시작한 엄마 옆에서
대개 돌멩이를 만지작거리거나 개미를 관찰하며
지루함을 달래곤 하던 아들도
신기한 장난감들에 호기심 가득한 눈을 반짝반짝 빛내었다.

Valise Dinette
69.00

Eguisheim

에기셍

파리에서 콜마르까지 기차로 3시간,
콜마르에서 택시를 타고 10분을 더 가면 에기셍이다.
알자스 지방의 이 작은 마을은
와인 축제가 한창이다.
마을 주민들과 관광객이 한데 어우러져 넘실거린다.
집집마다 내걸린 깃발 장식,
거리에는 악사들의 흥겨운 음악 소리.
중세시대 의상을 차려입은 사람들이
왁자지껄 기분 좋게 와인을 마신다.

교회 옆 절벽 위에 앉아서 축제 풍경을 그렸다.
숫자를 세어보니 사람 61명과 강아지 2마리다.

1. 프랑스 ───── 에기셍

HOTEL DE L'ATER

sheim. France

와인 축제 기간에는
포도와 와인을 무료로 먹을 수 있다.
노점에서 알자스 지방의 전통 음식
타르트플랑베tarte flambée를 주문했다.
밀가루 반죽 위에 베이컨과 양파를 얹어 구운 후
사워크림을 곁들여 먹는다.
겉은 바삭하고 속은 촉촉한 절묘한 식감!
건너편에 앉은 사람이
알자스 와인을 한 잔 가득 따라 주었다.
과일향이 풍성한 달콤한 와인.
술은 약하지만 맛에 취해 분위기에 취해
마음껏 마셔 버리고 말았다.

Eguisheim
France

축제 다음 날,
마을은 어느새 원래의 모습으로 돌아왔다.
조용해진 거리를 산책하다
집 앞에서 포도를 파는 할머니를 만났다.
정원에서 직접 키운듯
너무 달지 않으면서도 과즙이 풍부했다.
자연 그대로의 맛을 좋아하는
내 입맛에 꼭 맞았다.

에클레르

Tarte fine
Aux
Pommes
2.00€

버터 포장지

할머니가 길에서
팔고 있던 포도

한 입 크기의 디저트

서양배 쿠키

Tropèzienne
3 € 50

알자스의 과자봉지

손수 만든
플럼 타르트

동글동글 쿠키

STICKS
D'ALSACE

Biscuits aperitiss salés

Izumi France

032

와인 가게 앞에서는 와인병을 상자에 담아
트럭에 싣는 작업이 한창이다.
흔치 않은 모습을 그리고 있으니,
"이제 우리는 점심을 먹을 건데, 함께 먹겠어요?"
가게 주인이 식사를 권했다.
닭고기와 감자, 샐러드, 빵, 손수 만든 플럼 타르트까지
뜻밖에 프랑스 가정 요리를 맛볼 수 있었다.
처음 본 우리를 가족처럼 친근하게 대해 준 주인 아주머니와는
이후 매년 크리스마스 카드를 주고받으며 안부를 전한다.

Dijon
디종

스뷔르앙오주아로 가는 길에 들른 디종.
길에 서서 어떤 집을 그리고 있는데
누군가 뒤에서 말을 걸었다.
"우리 집을 그리는군요. 들어와 볼래요?"
존 레논을 살짝 닮은 할아버지가
인상 좋게 웃고 있다.
프랑스 사람들이 사는 모습을 보고 싶어서
불안한 마음을 누르고 할아버지를 따라
들어갔다.
피보 할아버지가 2백 년 된 건물을 사서
개조한 것도 벌써 삼십여 년 전 일이란다.
집 안 곳곳에는 여행을 좋아하는 할아버지의
취향이 잘 녹아 들어 있었다.

식당
공동계단
타일장식
바닥
입구

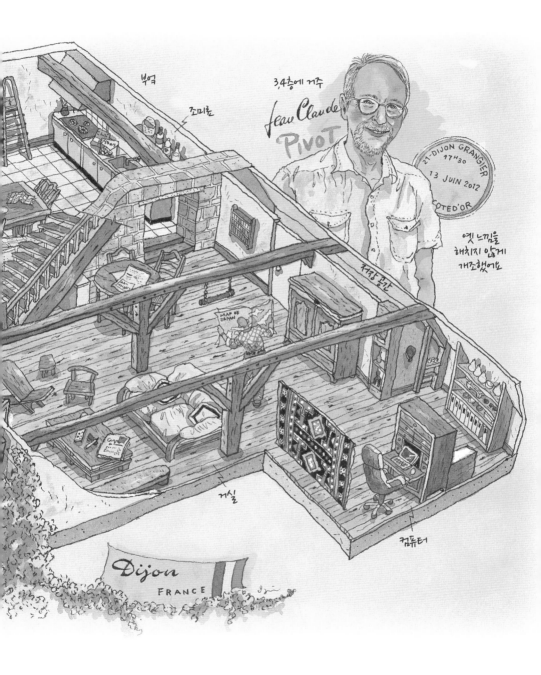

4층 할아버지의 방 남쪽 창에서 바라본 디종의 거리.
노트르담 성당과 멋들어진 지붕이 한눈에 들어왔다.
담쟁이덩굴이 뻗어 나간 낡은 벽에 끌려 그림을 그리다가
소중한 인연을 만나는 행운이 찾아오다니!
피보 할아버지와는 그 후로도 계속 연락을 주고받는
좋은 친구가 되었다.

Semur-en-Auxois
스뮈르앙오주아

디종에서 하루 세 번 다니는 버스를 타고
스뮈르앙오주아로 향했다.
워낙 외진 곳이라
몇 시에 버스가 오는지, 호텔은 제대로 예약됐는지
확인할 수 없었다.
이럴 땐 무작정 가보는 수밖에!
시골길을 구비구비 돌아 한 시간 반 만에 버스에서 내렸을 때는
세계 어디라도 갈 수 있겠다는 자신감마저 생겼다.
그리고 눈앞에
중세 탑과 성벽으로 둘러싸인 마을이 펼쳐졌다.
동화 속의 나라로 들어온 것만 같은 착각을 일으킨다.

Semur
France

성벽 주위로 아르망송Armançon 강이 흐르고
강변을 따라 집이 옹기종기 늘어서 있다.
마을 사람들은 날씨가 좋은 날이면 테라스에 앉아
평온하게 흐르는 강 너머 중세시대의 탑을 바라보며
차를 마시겠지?
천천히 흐르는 강물처럼
행복한 시간이 오래도록 계속되기를 빌어 본다.

Paris
파리

추억은 선물에 담아 가지고 돌아온다.
와인을 담는 목제 가방은 3유로.
식료품 가게 한쪽에서 팔던 이 가방의
손으로 쓴 가격표를 보며
혹시 이웃 사람이 팔아 달라고 부탁한 건 아닐까 상상해 본다.
"이거, 당신 가게에서 팔아 줄래요?"
카드는 파리의 문구점 메무아르 그라피크Mémoires Graphiques에서 샀다.
지나갈 때마다 "봉주르, 마담"이라고 인사해 주어서
마치 귀부인 대접을 받는 기분이었다.

평범한 상점에서 팔던
와인을 담는 가방

색색의 봉투

파리에서 산 카드

다종의 제과용품점에서 산 종이컵

France

두 번째 선물 꾸러미.

알자스의 와인 가게 주인 아주머니가 선물로 준

집 모양 와인 박스.

홍차 팩 하나하나가 작은 상자에 들어 있는 홍차 세트.

보는 것만으로도 즐거운 스튜냄비cocotte 요리책.

그때 그곳의 그리운 기억을 떠오르게 하는 것들이다.

프랑스에서
산 것

하나씩 포장돼 있는
홍차 팩

와인가게 주인에게 받은 와인상자

← 100g

장이
멋지다

초콜릿 쿠키

스튜 냄비 요리책

허브

설탕 병

2009   FRANCE

여행지에서 묵은 호텔방 조감도.

파리의 호텔은 3층의 객실까지 계단을 이용해야 했는데

커다란 여행가방을 끌고 올라가느라 무척 힘들었다.

에기셍에서는 사정이 생겨 호텔에서 두 시간밖에 머물지 못했다.

디종에서는 이중 예약이 되어 다른 호텔로 옮겨야 했지만

옮긴 호텔이 더 좋아서 불만은 없었다.

L자형 객실에서 묵은 스뮈르앙오주아의 호텔은

아침식사가 특히 맛있었다.

크고 작은 많은 일이 있었지만

여행은 언제나 옳다.

봉 부아야주Bon Voyage!

1. 프랑스 ——— 파리

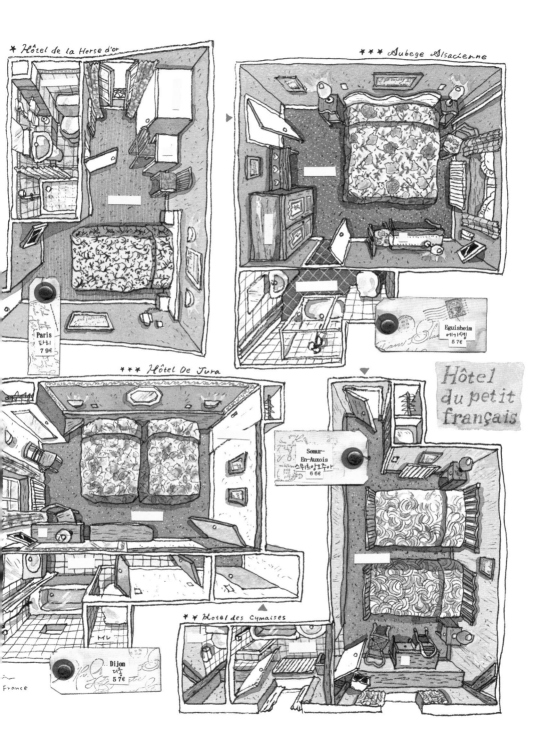

2

스페인 북부 &
포르투갈

Northern Spain & Portugal

부르고스 *Burgos* • 히혼 *Gijón*

산티아고데콤포스텔라 *Santiago de Compostela* • 비고 *Vigo*

바르셀루스 *Barcelos* • 카스텔루노부 *Castelo Novo* • 마르방 *Marvão*

리스본 *Lisboa* • 오비두스 *Óbidos* • 세고비아 *Segovia*

꿈만 같은 농장 호텔
5

하루 묵
기저를

6

친절한
직원들과
저녁식사

Obid

성벽 마을

당일
숙소 찾기
10

Roadmap

스페인과 포르투갈 여행은
계획부터 쉽지 않았다.
포르투갈의 농장 호텔은
마지막 순간에야 간신히 예약할 수 있었다.
정신 없이 시작된 여행이지만,
그만큼 가보고 싶은 곳도
먹고 싶은 것도 많았다.
한 달 동안 1백 장이 넘는 스케치를 그렸다.

FRANCIA

② Gijon

버스 6시간

Santiago de Compostela

버스 4시간

① Burgos

④ Vigo

스키가 버스를 앓을까봐 걱정

두번 다시 앓고 안탈게

⑤ Barcelos

⑪ Segovia

버스 3시간

⑥ Castelo Novo

수도교

버스 2시간

Madrid

Air rine

4시간

버스

버스 안은 사우나

⑦ Marvão

아무리 거리가 10시간 반

딱딱한 의자, 침교 시간도없는신세

이스탄불 경유 20시간

Spain

画·SORA

CADERNO bolacha

DAVID

33일간
스페인 &
포르투갈
여행

R.Esc.

spain & Portugal
33 days / 2011. 8

바르셀로나

그림이 되는
마을

11

Limón y menta

El Bernardino

3

8

7

Santiago

Burgos
부르고스

스페인의 중세 마을 부르고스는
산티아고데콤포스텔라로 향하는 순례길 중간에 위치한다.
꽤 큰 관광지이지만 거리는 깔끔하고 편안했다.
해질 무렵 카페에서 본 할머니는
빨간색을 무척 좋아하는 듯
바지와 신발, 가방의 색을 멋들어지게 맞추었다.

Burgos
Spain

PATRIMONIO DE LA HUMANIDAD. UNESCO. 1984

PASEO DEL ESPOLON

PALACIO DE CASTILFALE (RENACI. S. XVI
ARCHIVO MUNICIPAL   RENADO 1890

o62

부르고스 중심부에는
3백 년 걸려 완성된 대성당이 우뚝 서 있고,
오랜 역사를 지닌 건물들이
그 주변을 둘러싸고 있다.
나는 골목 한 켠에서 북적이는 거리를
바라보았다.
낡은 돌계단에서 대성당을 건너다보는 사람,
아예 자리를 잡고 앉아서 쉬는 사람,
사진을 찍는 사람들.
저마다 추억을 쌓아가고 있었다.
그들 각각의 이야기가
물감처럼 그림 속으로 스며들었다.

Burgos
Spain

Gijón
히혼

스페인 북부의 해안 도시 히혼에서는
매년 8월 첫째 주 일요일에
아스투리아스Asturias 축제가 열린다.
아스투리아스 지방 도시들이 한자리에 모여
민속음악에 맞춰 춤을 추고 마차 퍼레이드를 한다.
퍼레이드 후 언덕에 올라 피크닉을 즐기는 사람들을 그렸다.
맨 뒤쪽 남자가 술병을 거꾸로 쳐들었는데
사과로 담근 민속주인 시드라Sidra를 따르는 중이다.
병을 높이 들어 올려 술을 따르면
공기와 많이 접촉되어 맛이 좋아지기 때문이란다.
시드라는 도수가 낮아 가볍게 마시기 좋다.

Gijon
Spain

메누 델 디아menú del día, 즉 오늘의 식사를 써 놓은
칠판을 보여 주며 점원이 친절하게 설명했다.
"이것은 생선, 이것은 고기예요."
그런데 고기를 주문하겠다고 하자
"너무 질겨요!"라고 한다.
"그럼 생선?"
"좋아요, 굿 초이스!"
고기는 진짜 질겼던 걸까? 아직까지도 알쏭달쏭하다.
하몽과 멜론, 타파스, 시푸드 샐러드에 메인 생선 요리까지,
스페인에서 먹은 최고의 식사였다.

시푸드 샐러드

과 멜론

타파스

Gijon
Spain

RESTAURANTE
SIDRERIA

LA MAR DE BIEN

메인 생선 요리

Santiago de Compostela
산티아고데콤포스텔라

이번 여행의 주요 목적은
산티아고 순례길의 종착지인
산티아고데콤포스텔라 대성당을 방문하는 것이다.
푸른 하늘에 우뚝 솟은 대성당은 너무도 웅장하고 아름다웠다.
그런데 나는 대성당 맞은편 골목길에 더 마음이 갔다.
노을로 물들어 가는 거리가 어쩐지 그리운 느낌을 자아낸다.
해가 지고 난 후, 신비하고 고요한 어둠이 내려 앉았다.
'별이 내리는 들판의 성 야고보'라는 도시 이름과
무척 잘 어울리는 낭만적인 풍경이었다.

de
Santiago Compostela
Spain

산티아고데콤포스텔라 구시가지 끝에는
아바스토스Abastos 시장이 있다.
파란 아이섀도를 짙게 바른 아주머니는
닭고기, 치즈, 햄을 팔고 있다.
신선하고 먹음직스런 생선, 고기,
치즈, 채소, 과일 가게가 줄줄이 늘어선
활기찬 시장 구경은 언제나 즐겁다.
부족한 채소를 보충하려고
토마토 두 개를 골랐다.

Santiago de Compostela
Spain

중세 수도원이나 고성을 개조한
숙박시설인 파라도르Parador에는
갈 수 없었지만,
대성당 가까이에 자리한
산토 그리알PR Santo Grial도
오랜 역사의 숨결을 느낄 수 있는 곳이다.
베란다로 이어지는 커다란 창 너머로
산티아고의 거리가 한눈에 들어온다.

PR SANT GRI

Rúa do Vilar 76 15702
Santiago de Compostela
Spain

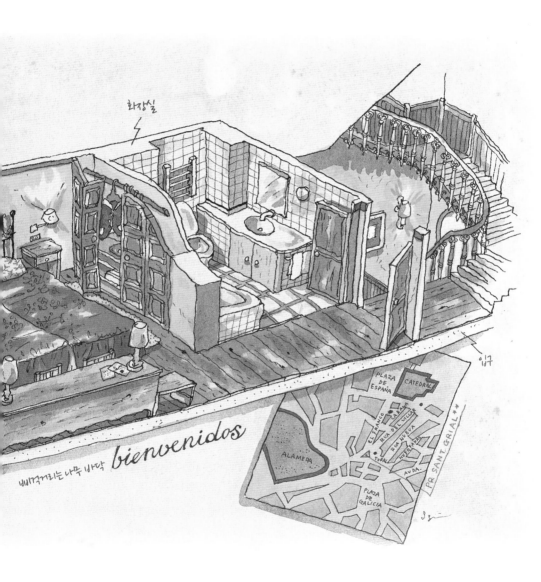

화장실

입구

삐걱거리는 나무 바닥 *bienvenidos*

PLAZA DE ESPAÑA

CATEDRAL

EL FRANCO

RUA DEL VILLAR

RUA NUEVA

LARAÑA

HUERTAZ

TORAL

AV. DA.

ALAMEDA

PLAZA DE GALICIA

PR. SANT. GRIAL*A

Vigo
비고

"이건 아침 기차표예요."
스페인에서 포르투갈로 넘어갈 때는 기차를 탔다.
하루에 두 편밖에 없는 기차를 타기 위해 서둘러 갔으나
승차권에 시간이 잘못 찍힌 것은 눈치채지 못했다.
스페인어를 못하니 사정 설명도 통하지 않았다.
기차는 무정하게 떠나 버리고
어쩔 수 없이 비고에서 하루를 머물렀다.
해안 도시 비고의 언덕 위 집에서 창문을 여니
바다가 바로 보였다.
그야말로 자연이 준 선물이다.

Vigo
Spain

Barcelos
바르셀루스

드디어 포르투갈에 도착했다.
산타 콤바 농장Quinta de Santa Comba은
18세기 귀족의 옛 저택을 개조한 호텔이다.
세월을 간직한 돌벽,
테라코타 타일 바닥과 나무 대들보,
방에 꼭 맞는 앤티크 가구와 조명.
화장실은 포르투갈의 독특한
아줄레주Azulejo 타일로 장식했다.
객실은 안뜰에 접해 있어서
분수와 새소리가 들려오고
방 안으로 장미 향기가 은은하게 퍼진다.
삼대째인 주인 할머니가
손수 차려 주는 아침식사까지,
모든 감각을 만족시켜 주는 곳이다.

° 아줄레주는 하얀 바탕에 파란 무늬를 그린 타일.

Santa Bento
Várzea, 4750
Portugal

Quinta de Sta Comba

차분한 성격의 주인

1700년대 지어진 귀족 저택을 개조

안뜰

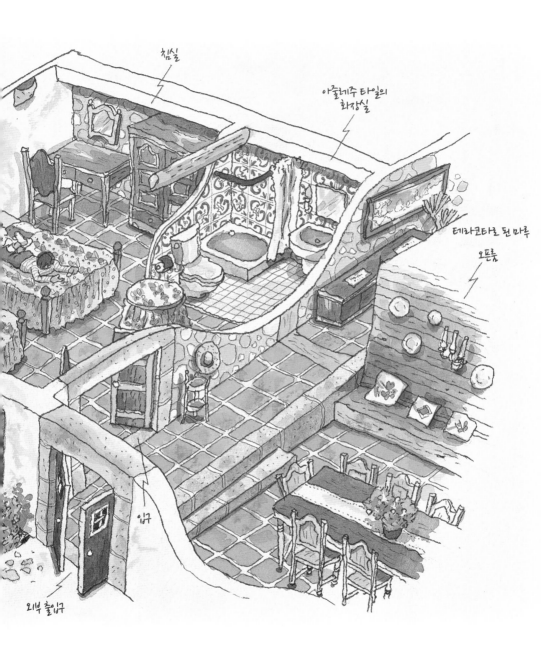

침실

아줄레주 타일의
화장실

테라코타로 된 마루

오픈룸

입구

외부 출입구

멋들어지게 장식된 뒷문은
이곳이 귀족의 저택이었음을 잘 보여 준다.
안쪽으로 펼쳐진 광대한 농장 부지에는
조랑말, 산양, 닭, 오리 등이 사이좋게 살고 있다.
특히 조랑말은 아무리 멀리 있어도
손을 흔들어 주면 매번 반갑게 달려온다.
그러나 머리를 쓰다듬어 주려고 손을 뻗으면
이내 고개를 돌려 피해 버리는,
매력 넘치는 녀석이다.
더운 날에는 수영장에서 시간을 보내도 좋다.

Barcelos

088

농장 주변에는 음식점이 없어서
외식을 하려면 시내로 나와야 한다.
솔라르 헤알 식당Restaurante Solar Real은
현지인에게 인기 있는 곳으로
오븐 요리가 특히 유명하다.
외관은 도드라지지 않지만
2층으로 올라가면
샹들리에와 벽화가 중후한 멋을 풍긴다.
게다가 저렴하고 맛있는 요리는
기대 이상이었다.

Barcelos
Portugal

Castelo Novo
카스텔루노부

시골 마을의 교통 사정에 제법 익숙해졌다고 자신했으나
카스텔루노부로 가는 길은
상상을 뛰어넘는 고난의 연속이었다.
이제 시골 여행은 그만두어야 하나 고민이 될 정도였다.
하지만 아침에 새들이 지저귀는 소리에 눈을 뜨고
밤에 유성이 떨어지는 하늘을 바라보는 행복을 놓을 수가 없다.
마지막 날 저녁, 친절한 주인 아주머니가
직접 요리를 대접해 주었다.

Castelo Novo
Portugal

094

Marvão

마르방

'매의 보금자리'라는 별명에 걸맞게
마르방은 해발 865미터에 위치한다.
13세기에 건설된 성벽이
절벽을 따라 마을을 둘러싸고 있다.
등산을 하듯 언덕을 올라
성의 가장 높은 탑에 도착했다.
그림을 그리기 시작하는데
때마침 거센 바람이 불어왔다.
스케치북과 함께 나도 날아갈 것만 같았다.

Marvão
Portugal

Lisboa
리스본

시골 마을을 돌고 돌아

포르투갈의 수도 리스본으로 들어왔다.

오랜만에 여유롭게 쇼핑을 하고 관광지를 돌아다녔다.

상 조르즈 성Castelo de São Jorge이 멀리 보이는 레스토랑에서

저녁을 먹기로 했다.

관광지다운 바가지요금의 새우 튀김을 먹으며 스케치를 했다.

멋진 경치를 보는 값이라고 애써 스스로를 위로한 저녁.

Lisboa
Portugal

상 호크 빵집Pastelaria Padaria São Roque은 1800년대에 지어진 건물에 있다.

화려한 인테리어로 장식된 내부에는 탁자가 9개뿐이어서

늘 손님들이 가득 차 있다.

수프를 먹고 있는 부부의 맞은편에 자리를 잡았다.

주문을 하려고 "카페 메뉴?"라고 한마디 했는데

에스프레소가 나왔다.

왜 그랬을까?

CRCEDR

Lisboa
Portugal

Óbidos
오비두스

오비두스는 원래 일정에 포함되지 않은 도시인데
계획해 둔 마을이 마음에 들지 않아 급히 뽑아 든 선택지였다.
미리 알아본 곳이 아니어서 가는 내내 불안한 마음이 앞섰다.
하지만 '계곡의 진주'라 불리는 오비두스에 도착한 순간
그동안의 악몽이 거짓말처럼 사라졌다.
과거로 시간 여행을 한 것처럼
중세의 모습을 그대로 간직한 동화 같은 마을이다.

CASA
DO
ARCO

...idos
...gal

갑자기 결정된 여행지인만큼
숙소도 현지에서 바로 찾아야 했다.
Rooms라고 쓰인 간판을 보고
무작정 들어갔다.
카사 두스 카스트루스Casa dos Castros 호텔은
두 사람에 35유로라고 했다.
믿어지지 않는 가격!
화장실이 공용이었지만
다른 손님이 없어서 상관없었다.
할머니 집에 놀러 온 것 같은
편안하고 안락한 기분이 들었다.

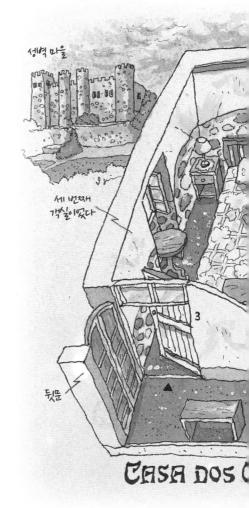

성벽 마을

세 번째
객실이었다

3

뒷문

CASA DOS C

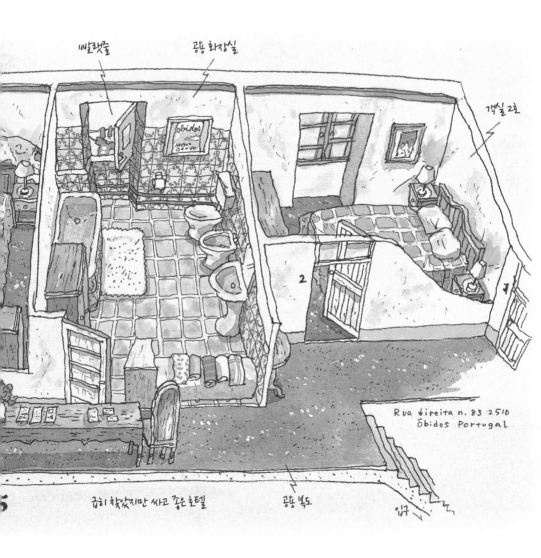

빨랫줄

공용 화장실

객실 2호

Rua direita n. 83 2510
Óbidos Portugal

2

급히 찾았지만 싸고 좋은 호텔

공용 복도

입구

Segovia
세고비아

스페인으로 돌아가려고 탄 야간열차는
'죽음의 열차'라고 해도 과언이 아니었다.
춥고 시끄러운 기차에 앉아
열 시간 반을 버텼다.
그럼에도 세고비아는 꼭 들르고 싶었다.
2천 년 전 로마시대에 지어진 수도교는
못이나 다른 접착제를 전혀 사용하지 않은,
오로지 돌과 아치의 원리를 이용한
위대한 유산이다.
그 밖에 알카사르 성Alcázar de Segovia, 대성당 등
도시 전체가 역사적인 건축물로 넘쳐난다.

스페인에서의 마지막 만찬은
새끼 돼지 통구이cochinillo를 잘하는
엘 베르나르디노El Bernardino에서 했다.
새끼 돼지 통구이는 지방이 적고
육즙이 풍부해서 아주 맛있다.
하지만 양이 너무 많기에
나는 연어 스테이크를 주문했다.
함께 곁들인 가스파초gazpacho는
토마토, 오이, 양파 등을 갈아 차갑게 먹는
스페인의 수프다.
뜨거웠던 여름 여행의 마무리로 딱 좋았다.

El Bernardino

In Segovia Spain

3

이탈리아 &
크로아티아
Italy & Croatia

모토분*Motovun* • 그로즈냔*Grožnjan*

주민*Zminj* • 로빈*Rovinj* • 코미자*Komiža*

스플리트*Split* • 구비오*Gubbio*

Roadmap

몇 번의 유럽 여행으로 자신감이 생긴 걸까?

좀처럼 용기를 내지 못하던 곳에 과감히 도전해 보기로 했다.

이탈리아에서 배를 타고 크로아티아를 오가는 한 달간의 여정이다.

그런데 막연한 기대감은 크로아티아로 가는 여객선에서부터 무너졌다.

온갖 사건과 어려움이 끊이지 않은 이 여행에서

모든 일이 계획한 대로 될 수 없다는 깨달음과

뜻밖의 상황에 일희일비하지 않는 마음을 배울 수 있었다.

또한 계속 힘들기만 한 것이 아니라는 점이 여행의 매력 아닐까?

우리 인생이 그렇듯

기쁠 때도, 슬플 때도 있는 것이다.

미술가의 마을

미남 미녀
직원

아들이 좋아한
레이나

픽업해 준
호텔 직원
스티븐

버스 시간

소냐
Sonja

농가 호텔
"Casa Matiki"

독일 소녀
틸리아

room

파스타
만들기

5 Groznjan
택시   차   Buzet

3 Rijeka

4 Motovn
버스 2시간

6 Zminj
농가 호텔

버스
7 Rovinj
버스 시간

버스
4시간

야간 페리
12시간 반

맛있는
피자와 빵,
파스타

세기계
제일의
크리스마스
트리

방을
못잡아
의자에서

Albero
di Natale

개
인
실
예
약

2 Zadar
버스 2시간 반

Trogir
버스를 갈아타고 2시간

9 Split

Ancona

10 Gubbio
버스

Perugia
버스
2시간

기차
4시간

1 Roma

야간 여객선 12시간

8 Komiza
페리 2시간 반

Vis

이탈리아를 거쳐

크로아티아
여행
8月
일간   2012年

Italy
한국 경유
20시간

잊을 수
없는
석양

JAPAN

코미자의
친구들

Croatia
크로아티아

계획은 단순했다.

비행기를 타고 로마에 도착,

기차를 갈아타고 4시간을 달려 안코나에 들어간다.

안코나 항구에서 야간 국제여객선을 타고 크로아티아로 들어가면 끝!

그런데 안코나 역에서부터 뭔가 조금씩 어그러지기 시작했다.

항구로 가는 버스를 놓쳐서 1시간,

여객선 티켓을 찾느라 30분,

출입국 관리소에 들르느라 다시 30분을 헤맨 후에야

겨우 배를 탈 수 있었다.

기진맥진 쓰러지듯 잠이 들었다.

치킨누들 수프

KOKOŠJA JUHA
CHICKEN NOODLE SOUP
SUPË PULE BRUMË !
NOVO JOŠ BOLIF
4 tanjura
5 minuta kuhanja
PODRAVKA
Neto/Net: 62g ℮

KOKOŠJ
SUPË PUL
prodhimi, tha
Udhëzimi: Pó
minuta në n
përbëresit
hidrogj.enzv
Sheger.mdv
majdanoz..
Të ruhet në
croatia
Hrvatska
Prosiewukm
mesarolovu
Energen
Bjelmeed
Ugi.kohal
Uvoznik za
importvote

출산 축하 카드

BABY
Iskrene čestitke
za rodenje djeteta.
uz mali znak
pažnje...

초콜릿

Kandit Confettino
309 KQ 1.06 원

왠지 처진 눈썹의
소년 캐릭터

MLIJEČNA
Lili
ČOKOLADNA
LIZALICA
KRAS

귀여운
물 포장지의
초콜릿

올리브 나무로 만듦

MOTOVUN
MOTOVUN

모토분의 길거리에서
브리스 아저씨가 팔던 키홀더

보이
JOP4P
Croatia

Motovun

모토분

크로아티아에서 제일 처음 간 곳은
이스트라반도의 해발 280미터 언덕 위 마을 모토분이다.
상점도, 관광객도 거의 없는 오래된 시골 마을은
공기마저 천천히 흐르는 듯했다.
호텔의 작은 발코니는 벼랑에 매달린 모양새다.
그곳에 서면 언덕 아래 풍경이 한눈에 들어온다.
모토분을 시작으로 2주일간 이스트라반도를 돌아볼 생각이다.
기차도, 버스도 여의치 않은 곳은
호텔에 픽업을 부탁했다.

Motovun
Croatia
2004

호텔을 둘러본 후 본격적으로 마을 구경에 나섰다.

돌담을 따라 걷다가

파라솔을 세워 놓고 이런저런 잡화를 파는 할아버지를 만났다.

올리브 나무로 만든 열쇠고리를 사고는

쑥스러운 미소를 짓는 할아버지를 그렸다.

세월을 담은 주름진 얼굴에 어울리는 인자한 미소다.

기다리던 아들이 배가 고프다고 칭얼대자

친절하게도 사과 반쪽을 건네주었다.

Molimo Vas
NE PARKIRAJTE
- Prodajno mjesto.

Hvala

Grožnjan
그로즈냔

그로즈냔은 '예술가의 마을'로 유명하다.
마을에 실제로 거주하는 주민이 2백 명도 안 되는데
아틀리에 숍은 40여 개에 이른다.
황량하고 오래된 마을에 예술가들이 들어와 살기 시작하면서
활기를 되찾았다고 한다.
납작납작한 집들 사이로
잔잔하게 바이올린과 첼로 선율이 흐르는 골목.
자리 잡고 그림을 그리고 있으니
어느새 고양이 한 마리가 가만히 옆에 와 앉았다.

Grožnjan
Croatia
ノヴァ

하룻밤만으로는 아쉬웠던 곳

그로즈냔의 숙소는 아파트먼트 호텔이다.
아치형 중후한 문을 열면
널찍한 공간이 펼쳐진다.
길게 늘어진 빨간 커튼이 바람에 살랑이고
정원에 내걸은 빨래는
여름 햇볕에 바싹 말라 간다.
호텔 뒤쪽 정원을 차지한 것은 사과나무들.
이따금 교회 종소리가 들린다.
마냥 조용하고 평화로운 시간이
집 떠난 이의 어깨를 토닥인다.

GROŽNJAN
Croatia

정원에는
사과나무

집 한 채를 빌린 것 같은
아파트먼트 호텔

OLEA
Obitelj Dešković Mirosav

Žminj
주민

이스트라반도에서 세 번째로 찾아간 마을
주민에는 특별한 선물이 기다리고 있었다.
잡지에 소개된 것을 보고 직접 예약한
농가 호텔 카사 디 마티키La Casa di Matiki다.
1835년에 지어진 농가를 개조한 이곳은
아침을 먹거나 커피를 마시기에 좋은
안뜰 테라스를 갖추었다.

Croatia
Zminj
"casa Matiki"
カサ.マティキ

포근하고 다정한 객실!

신세 많이 졌어요

소냐
Sonja

오바마
Obama

카사 디 마티키의 주인 소냐의
소박하며 바지런한 농장 생활을
엿보는 재미가 이 호텔의 매력을 더한다.
그녀는 허브와 채소를 직접 재배하고
닭과 말, 양, 당나귀를 키운다.
세 마리의 반려견 오바마, 파코, 티파니도
빼놓을 수 없는 가족이다.
유럽의 시골 생활을 경험해 보고 싶다면
적극 추천!
객실의 빛바랜 노란색 타일 바닥과
침대에 덮인 퀼트 이불이 정겹다.
부엌이 딸려 있어 카레를 만들어 먹었다.

La Casa di Matiki

카사 디 마티키
농가 호텔에서 4박

2minj · Croatia

넓직한 테라스

니 & 파코

아침식사는 갓 낳은 달걀로 만든 오믈렛에
따스한 빵과 수제 잼을 곁들인다.
파란 하늘 아래
아침 풀 향기 가득한 안뜰에서
그날그날 마음이 가는 탁자에 앉아 맛있게 먹었다.
소냐 아주머니는 손님들과 이야기를 나누거나 책을 읽었다.
강아지들은 내키는 대로 누군가의 다리에 기대어 눕는다.
나도 도구를 챙겨 와 그림을 그렸다.
지친 마음이 저절로 치유되는 공간이다.

갓구운 빵

내가 만든 잼

뜨거운 커피 향이
나는 아침

헤브를 넣은
오믈렛과 함께

in
koatia
"Casa Matiki"

소냐 아주머니와 미국에서 온 남매 직원이
사이좋게 아침을 준비하는 풍경을 그렸다.
돌로 지어진 부엌은 무척 편리해 보여
나도 머무는 동안 자유롭게 이용하곤 했다.
소냐 아주머니의 꾸밈없는 미소와
붙임성 좋은 강아지들은
오랜 시간이 흐른 뒤에도
가끔씩 그리워진다.

Croatia
Zminj
"Casa
Matiki"

7DP4P

"점심에 파스타를 만들 건데, 같이 먹을래요?"

마지막 날 소냐 아주머니가 식사에 초대해 주었다.

모처럼의 기회이므로

파스타 만드는 과정을 옆에서 스케치했다.

직접 반죽한 탈리아텔레tagliatelle 면에

올리브 오일, 소금, 버터, 생크림, 블루 치즈로 만든 소스의 파스타.

평생 잊을 수 없을 만큼 맛있었다.

° 탈리아텔레는 칼국수처럼 길고 얇은 리본 파스타.

Rovinj
로빈

이스트라반도의 해안 마을 가운데
가장 작고 분위기가 좋은 로빈에 도착했다.
한 바퀴 도는 데 30분이면 충분한 구시가는
차량 통행이 금지되어 있어
한가로이 산책하기 좋다.
돌길을 걷다가
영화의 한 장면처럼
뜻밖의 야외 카페를 만났다.
빨간 모자를 쓴 할머니가 주인공일까?

로빈의 숙소는
옛날 건물을 개조한 레지던스
마르코폴로Marco Polo다.
중세 탑을 오르듯 나선형 계단을
올라가야 한다.
귀여운 꽃무늬 장식의 목제 찬장에는
식기가 잘 갖춰져 있다.
다만 오래된 건물이어서
샤워를 하는 도중에 갑자기
찬물이 쏟아지거나
위층의 쿵쿵대는 발소리가 울리곤 했다.
이제 이스트라반도를 떠날 때가 왔다.

찬장의 꽃무늬

돌벽으로 감싸인 계단

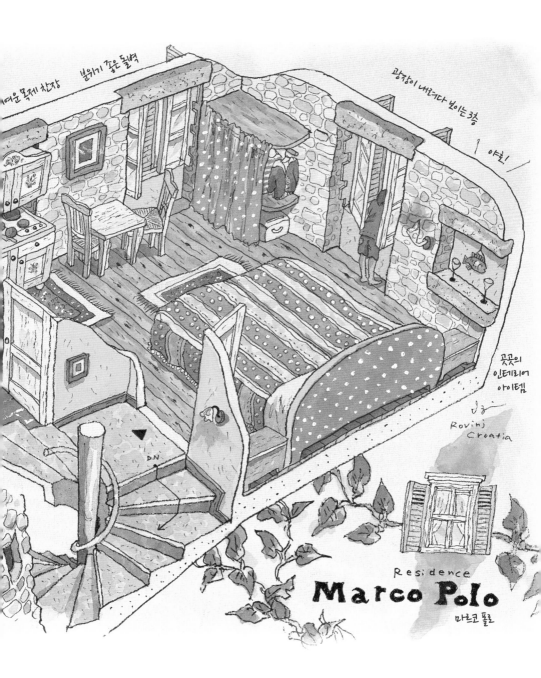

따듯한 목제 찬장 분위기 좋은 돌벽 광장이 내려다 보이는 3층

야호!

곳곳의
인테리어
아이템

Rovinj
Croatia

Residence
Marco Polo
마르코 폴로

Komiža
코미자

아드리아해의 비스섬Vis에서는
유명한 '푸른 동굴'을 둘러보는 투어를 신청했다.
투어가 끝난 후 들른
고즈넉한 작은 마을 코미자의 해변.
아들은 어느새 마을 아이들과 친해졌다.
소녀의 이름은 리지아.
아들을 목마 태우더니 그림으로 그려 달라고 한다.
스케치를 하는 동안 어깨가 아픈 듯
몇 번이나 태우고 내리기를 반복했다.
그래도 활짝 웃는 그녀의 미소가 싱그럽다.

Komiža
Croatia
2014

Split
스플리트

이탈리아로 가기 위해
크로아티아 본토로 돌아왔다.
국제 선박이 오가는 항구 도시
스플리트에서 아침 일찍부터
활기찬 어시장 구경에 나섰다.
줄무늬 티셔츠의 아저씨를 그리는데
순식간에 주변 상인들이 모여들었다.
꼭 닮았다며 웃어 대더니
자신도 그려 달라며 자세를 취했다.
한참을 즐겁게 스케치하고 돌아가는 길,
몸에 온통 생선 냄새가 배어 있었다.

화기애애한 어시장

Split
Croatia
크로아티아

모두 어떤 생선을 고를까?

싸요, 싸!

Gubbio
구비오

로마 근교의 작은 도시 구비오는
이탈리아반도의 거의 정중앙에 위치한다.
중세 성벽과 교회, 수도원이
곳곳에 자리한 오래된 도시.
매년 12월이면 한 달 동안
산비탈에 전구 8백 개를 밝힌
'세계에서 가장 큰 크리스마스트리'
장식을 하는 로맨틱한 곳이다.

구비오에서는
화요일 아침 6시부터 정오까지
시장이 열린다.
가장 사람들이 몰리는 곳은
트럭 화물칸을 개조해
포르케타porchetta를 파는 가게.
통돼지 속에 허브와 마늘, 향신료를 채워
구워 낸 이탈리아 전통 요리다.
점원들은 정신없이 바쁜 와중에도
윙크를 하고 웃으며 농담을 던진다.
이탈리아인의 여유가 넘쳐 흐른다.

gubbio
Italy 소리?

커다란 간판, 지나친 장식으로
꾸미지 않은 곳.
조용하게, 저렴하고 맛있는
음식을 먹을 수 있는 곳.
기왕이면 현지인들에게서
사랑 받는 곳.
그리고 그림이 될 만한 곳.
내가 여행지 레스토랑에서 바라는 바다.
모든 조건을 충족시키는 곳은 드물다.
무엇 하나는 빠지게 마련인데,
이곳은 완벽했다!
벽돌로 지은 가게는
동굴처럼 아늑하고
파스타와 샐러드는 싸고 맛있었다.

Gubbio
Italy
イタリア・グッビオ

Italy

이탈리아

이탈리아에서 사온 기념품은
참치 캔과 테이블 매트 스무 장.
테이블 매트는 구비오의 벼룩 시장에서
구입했다. 매트를 산처럼 쌓아 놓은
마차에서 마음에 드는 디자인을
하나씩 꼼꼼히 골랐다.
전부 손바느질 자수에
조금씩 사용 흔적이 남아 있다.
어느 곳의 누가 만들어 사용했을까?
즐거운 상상 속으로
다시 한 번 여행을 떠나 본다.

참치 캔 3개 묶음

GENERALE CONSERVE S.p.A.
zza Borgo Pila 39/26 - Genova (Italia)
80g℮
Peso sgocciolato
52g

직접 수놓은 것

구비오의 시장에서
산처럼 쌓아 놓고 팔았다

3 x 80

ASdoMAR
Tonno
80g

A

Σ 3 x 80g

참치와 인어가 함께 그려져 있다

I+aly !

4

스페인 남부
Southern Spain

살로브레냐 *Salobreña*

그라나다 *Granada*

카필레이라 *Capileira*

Roadmap

생각나면 바로 행동으로 옮긴다.

여행을 하며 생긴 습관이다.

그라나다에 사는 친구와 연락이 닿은 김에

스페인 남부 안달루시아 지방을

돌아보기로 했다.

친구의 집에 묵으며

스페인의 일상생활을 들여다볼 수 있는

좋은 기회다.

알람브라 궁전

처음 본 플라멩코

CASA DEL ARTE FLAMENCO

직접 고친 부엌

낡은 집을 회복

하나의 집

친구네 집에서 묵었다 ♥

버스 30분

2시간

nada

Alpujarras

Capileira

하얀 마을 카필레이라

버스 2시간

버스 1시간

과학관에 갔다

2시간

Salobreña 바다와 성의 도시

멋진 박물관

Monuments et musées

Fêtes et traditions

Salobreña
살로브레냐

"관광지가 아닌 곳은 어디예요?"
스페인 사람인 친구의 남편에게 물었더니
살로브레냐를 추천해 주었다.
말라가 공항에서 버스로 2시간 반을 가야 했지만
알사ALSA 버스가 스페인 곳곳을 다니고 있어
생각보다 어렵지 않았다.
아름다운 해변 마을에 도착하자 마자
해산물 런치 코스를 주문했다.

Paternina

obreña
pain
サロブレーニャ

그림 같은 하얀 작은 바에서
음료를 시켰더니
간단한 음식이 함께 나왔다.
음료 한 잔에 홍합 5개가 1.5유로.
레몬을 짜서 먹으니 꿀맛이다.
홍합을 더 먹고 싶어 따로 주문하니
8유로란다.
음료를 한 번 더 시키는 게 나았을까?

Salobreña
Spain #07ニュ 양구

산꼭대기에 자리한 살로브레냐 성에는
관광객은커녕 지나는 사람도 거의 없다.
느긋하게 마음껏 경치를 감상했다.
여행하며 이렇게 차분한 시간을 갖는 것이 참 좋다.
하얀 벽을 배경으로
히비스커스가 붉은 빛을 뽐내고 있다.

Nº 4

Nº 11

alobreña
Spain

유럽의 식사 시간이 다소 늦다는 것은 알고 있었다.

그래도 점심이 2시부터일 줄이야!

허기진 배를 부여잡고 한참을 기다렸다.

배가 고파서인지 음식은 무척 맛있었다.

사과와 참치를 넣은 샐러드,

차가운 가스파초와 빵,

메인은 크로켓과 매시트포테이토.

MENU
DEL DIA
1° Plato
2° Plato
8 €

Salobreña
Spain
サロブレーニャ

DE CAÑA
ABEJA ALPUJARRA
MELOS NATURALES
O ALMENDRA

Granada
그라나다

그라나다에서는 친구 집에서 신세를 졌다.
버스 터미널에서 10분 거리라기에 택시를 탔는데
택시 기사가 도통 길을 찾지 못하는 것이다.
여기저기 전화를 걸고 헤매다
한 시간 만에 겨우 도착했다.
너무 당황했던 나는 모든 스케줄을 적은 수첩을 택시에 놓고 내렸다.

MONI
HABITACION
VIVIENDA
RENT

ALPINE

GR·63011

Granada
Spain
グラナダ

"이곳을 빼놓고는 스페인에 갔다 왔다고
할 수 없어!"
유네스코 세계유산으로 지정된
알람브라 궁전이다.
입장객 수를 제한하므로
미리 예약하는 편이 좋다.
공식 사이트에서 예약을 하려는데
이유를 알 수 없는 에러가 계속 나서
결국 현지 은행의 ATM을 이용했다.
세상에 쉬운 일은 없다.

EL BAÑUELO TETERIA

Granada. Spain

그라나다 유대인 박물관Museo Sefardí de Granada은

스페인에서 태어나 살던 유대인을 추억하는 장소이면서

동시에 스페인의 가정 생활을 엿볼 수 있는 작은 집이다.

분명히 오픈 시간에 찾아갔는데

문이 잠겨 있다.

쾅쾅 세게 두드리니 누군가 나왔다.

"어머, 미안해요. 샤워했어요. 오늘 너무 덥죠?"

스페인 사람다운 반응이다.

부엌을 그릴 수 있게 허락해 준 바람에

나도 마음이 금세 풀렸다.

처음으로 정통 플라멩코 공연을 보러 갔다.
기타 반주와 노래에 댄서뿐인 심플한 무대.
화려한 드레스를 입은 여자 무용수를 상상했는데
검은색 옷을 입은 남자 무용수가 주인공이었다.
열정적인 리듬에 맞추어
얼굴과 분위기가 변하고
손끝까지 감정이 그대로 전달되는 황홀한 춤이다.
한순간에 마음을 빼앗겨 버렸다.

CASA
DEL ARTE
FLAMENCO

Granada
Spain

GRAFICAS
ALHAMBRA

35 Aniversario
1942

"스페인의 일반 가정을 방문하고 싶은데….."
갑작스런 요청에도 친구 하나Hana는
기꺼이 집을 공개했다.
하나의 집은
30여 년 전에 지어진 것을
정성스레 새롭게 고쳤다고 했다.
부엌 싱크대는 남편이 직접 만든 선반에
대리석을 올렸다.
그 앞에 서서 요리를 하는 하나와 아이들이
그림처럼 예뻤다.

Granada
Spain
グラナダ

하나의 집 조감도를 그렸다.
현관을 들어서면 오른쪽이 주방이다.
의자에 올라서서 그림을 그리는
내 모습도 그려 넣었다.
왼쪽 거실에는 벽난로와 피아노가 있고
한 계단 위에 편안한 소파가 놓여 있다.
안쪽에는 부부 침실과
하나의 아틀리에와 이어진 딸의 방이 있다.
테라코타 바닥이 집 전체를
부드럽게 감싸준다.

하나의 집
오래된 집을 리노베이션
Granada · Spain

Capileira
카필레이라

스페인 남부 여행의 마지막 목적지는
시에라네바다 산맥의 마을 카필레이라다.
버스를 타고 종점까지 가면
해발 3천5백 미터 산 중턱 마을에
도착한다.
19세기 스페인의 소설가
페드로 안토니오 데 알라르콘을 기념하는
박물관Museo Pedro Antonio de Alarcón에
우연히 들어가 옛 스페인 풍습을
살펴보았다.
폐관 30분 전에 찾아간 바람에
엄청난 속도로 스케치를 해야 했다.

Capileira·Spain
카필레이라

Cap:leira. Spain
カピレイラ

210

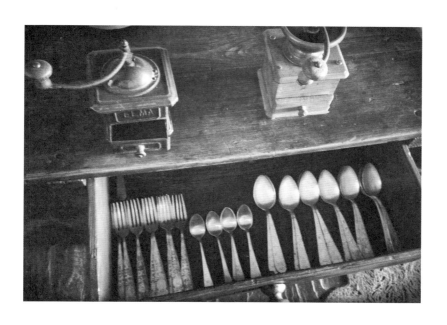

Spain
스페인

여행을 하며 구입한 냉장고 자석은
볼 때마다 여행의 추억을 되살려 준다.
특히 스페인에서는 다양한 디자인이 많아
무엇을 살까 한참을 고민했다.
사소한 것에는 신경 쓰지 않는
스페인 사람들의 성향일까?
흠집 난 것이 꽤 섞여 있어서
주의해서 골랐다.

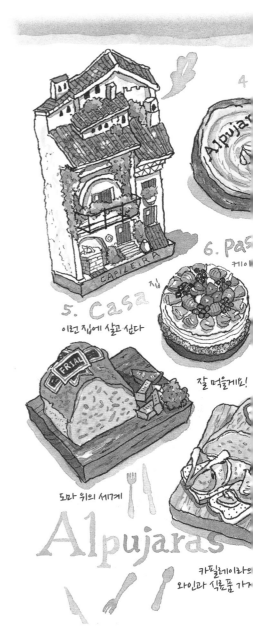

4

6. Pas
케이

5. Casa
이런 집에 살고 싶다

잘 먹을게요!

도마 위의 세계

Alpujaras

카필레이라의
와인과 식료품 가게

옥수수

1. azulejo 타일

알람브라 궁전에서 산 유리 타일

치즈와 와인

2. paella 파에야

밥알이
살아 있다

3. Manzana

사과

7. Almuerzo

간식

EIRA

Chancho
patita

족발

친구의 선물

FRUIT BOX

N.W
G.W

amón

햄

이것은 알루미늄

Granada

Spain

흠집이 난 것도 있으니 잘 고를 것

5

영국
England

Roadmap

언제 이렇게 시간이 흘러갔을까?

18년 만에 다시 찾은 영국은

그리운 추억의 향기를 품고 있었다.

스물두 살, 꿈으로 가득하던 시절의 기억이 새록새록 떠올랐다.

한창 미래를 고민하던 때

3개월간 영국 곳곳을 여행하며 그림을 그렸다.

인생의 전환점이기도 했던 이곳에서

그때의 마음으로 되돌아가

다시 한 번 그림을 마주할 수 있을까?

COTSWOLD

CELEBRATING 50 YEARS

Cotswolds

2주간의 영국 여행

SPRING / SUMMER 2016 / ISS

런던

샐러드 런치

rs of the
ng Natural

스코틀랜드

ENGLAND

2 York

기차
3시간

기차
2시간

3 Winchcombe

버스 20분
Cheltenham

버스 2시간

버스 3분

4 Painswick

프리마스

1 London

브라이튼

런던에서 사용한
오이스터 카드

oyster

요크 민스터

요크

원치콤

양 많은
아침식사

맛있는 케이크

호텔

nble a da
t kee
oct

페인스위크

London
런던

포토벨로 거리 근처 호텔에
짐을 놓고 나왔다.
베이커리 & 카페 파브리크Fabrique 앞에서
한 아주머니를 그리기 시작했다.
그런데 아주머니가 금세 다른 가게로
옮겨가 버려서 탐정이라도 된 듯 뒤를 쫓았다.
아주머니가 장을 보는 동안
겨우 스케치를 마치고
나머지는 빵집 앞으로 되돌아와 마무리했다.
스케치는 늘 현장에서 하기 때문에
종종 이런 일이 일어난다.

London England

VIENESE FRENCH
LOAF

OLIVES FRENCH
LOAF

CEREAL OR CHOCO
CROISSANT
TAKEAWAY
1.10

DINE IN
1.25

런던에는 세련된 스타일의 카페가 많다.
그렇지만 내 눈길이 닿는 곳은 뒷골목의 소박한 가게다.
길 건너에서 그림을 그리고 있는데
주인 할아버지가 목청 높여 말을 건넨다.
허락도 없이 그림을 그리냐며 화내는 걸까?
귀 기울여 들어보니
"헤이! 맛있는 차와 음식이 있어. 얼른 들어와!"란다.
식사를 한 지 얼마 안 되었는데, 어쩌지?
망설임은 잠깐, 신선한 샐러드의 유혹에 넘어가 버렸다.
영국 음식은 채소가 부족하니 먹어 두자!

London
England
ロンドン・イギリス

매주 토요일 노팅힐에서는
포토벨로 마켓Portobello Market이 열린다.
길가를 따라 천막이 늘어서고
채소, 꽃, 옷, 음식 등을 사려는 사람들로
발 디딜 틈 없이 붐빈다.
거리가 한눈에 내다보이는 작은 카페
로리 앤 베이커Lowry & Baker에
자리를 잡았다.
한창 유행인 몬마우스Monmouth 커피를
맛볼 수 있었다.

London
England
까사베리로드

PORTBELLO
ROAD

MOROCCA HOUSE

ERNO Deco
328

ERNO

TOASTED
SALADS
TEA

⌈ Lowry & Baker ⌋

226

"케이크를 그려도 되나요?"
창가에 형형색색 케이크를 층층이 진열해 놓은 레스토랑
오토렝기Ottolenghi는 이스라엘 셰프가 운영하는 곳이다.
흰색 벽을 배경으로 놓인 화려한 케이크에서 눈을 뗄 수가 없어
가게 주인에게 양해를 구했다.
손님들에게 방해가 되지 않도록 주의하며 그림을 그렸다.
당장이라도 한입 베어 물고 싶은 케이크를
하나씩 하나씩 정성껏!

LONDON ENGLAND
NOTTING HILL.

APPLE AND SULTANA GALETIE

ORANGE CAKE WITH CHOCOLATE GANACHE

WHITE CHOCOLATE CHEESECAKE TART WITH RASPBERRY

MIXD FRUIT CAKE

YO-YO BISCUITS

BAKED CHOCOLATE TART WITH RASBERRY JAM AND CHERRY

STRAWBERRY VANILLA MINI CAKE

FLOURLESS CHOCOLATE FONDANT CAKE

CHOCOLATE AND HAZELNUTS BROWNIE

OTTOLENGHI

일요일마다 열리는 플라워 마켓에서는
활기찬 런던을 만날 수 있다.
사랑스러운 아가씨는 안 보이고
험악한 인상의 아저씨들이 꽃을 파는데,
그만큼 꽃이 더 눈에 띄기는 했다.
줄지어 선 가게에는 흔히 볼 수 없는
아기자기한 아이템이 가득하다.
쇼핑을 지루해 하는 아들 눈치를 보며
급히 카드와 캔들, 오너먼트 몇 가지만 사가지고 왔다.

5. 유럽 _____ 런던

카드

elizabeth
messina

로즈마리 비누

캔들

오너먼트

카카오 비누

만다린과 라벤더 비누
100% 오가닉

18년 전의 양들

플라워 마켓에 서 있던 클래식 카

London England

디자인이 독특한 종이나 상자들은
모으는 재미가 있다.
두고 보기에 예쁘기도 하고
독특한 형태에서
아이디어를 얻을 수도 있다.
무엇보다 당시의 추억을 떠올리게 하는
소중한 기념품이다.
유니언잭 포장지의 포크파이는
그야말로 '영국스럽다.'
음식은 현지에서 먹어 버리고
상자만 잘 접어 가지고 오면
짐 걱정도 없다.

고급 치즈

LONDON

딸기맛

레몬맛

오렌지맛

York
요크

런던에서 기차를 타고 2시간을 달려
북동부의 작은 도시 요크에 도착했다.
먼저 12~14세기에 쌓았다는
성벽에 올랐다.
영국에 현존하는 것 중 가장 긴 이 성벽은
로마시대에 처음 세워진 것을
중세에 재건했다고 전한다.
숨을 헐떡이며 오른 성벽에서
요크 시내를 내려다보았다.
우즈 강에 걸친 다리와 완벽하게 조화로운
거리에 눈을 뗄 수 없었다.

유령은 정말로 존재할까?

요크는 '세계에서 가장 무서운 도시'

혹은 '영국에서 유령이 가장 많이 출몰하는 도시'로 유명하다.

중세에 지어진 재무장관 저택Treasurer's House에는

지하실에서 로마시대 병사의 유령이 나온다고 한다.

유령을 만나진 못했지만

오래된 저택을 가득 채운 17~18세기의

그림, 가구, 도자기만으로도 충분히 매력적인 곳이다.

느긋하게 정원을 둘러보는 것도 좋다.

York
England

본고장에서 애프터눈 티타임을 즐겨 보자.
홍차 전문점 베티스Bettys는
영국에서 최고라고 손꼽히는 카페다.
스톤게이트Stonegate 지점을 찾아 갔다.
오래된 목조 건물을 활용한 그곳에서는
통통한 직원이 서빙을 하러 돌아다니면
마루가 삐거덕거리고
탁자 위 스푼, 포크, 접시가 잘그락거렸다.
"다 그렸어요? 한번 봐도 될까요?"
친절하게 말을 걸어 주는 직원 덕분에
편안하게 스케치했다.

York
England

요크 시내는 한 바퀴 돌아보는 데 30분이면 충분하다.
그런 작은 도시에 세 걸음마다 빵집이 있다!
마음 같아서는 전부 사 먹어 보고 싶었지만
그럴 순 없으니 그림으로 대신했다.
쇼윈도에 붙어 서서 다양한 종류의 스콘을 그렸다.
체리, 프루츠, 넛츠, 체다 치즈 등등.

Custard Cream Pie x

Cherry Scones

A moist rich and tender scone packed full of delicious glazo cherries

Chocolate Danish

Fruited Scones

Hand made using top quality Turkish sultanas

traditional
avoury favourite made
th Yorkshire spinach
d Leicester
heese
and
sh
am

Yorkshire Spinach Quiche

Date & Walnut Scone

A moist rich
and tender
scone packed
full of
delicious
dates &
crunchy
walnuts

with spinach
oasted red pepper. red onion
aprika and English mustard
erved with cream cheese
nd butter

Pork Pie

Bacon, Leek &
Mushroom
Pie £1.05

Stick Pie

Cheddar Scone

England

영국에서는 일부러 찾아다니지 않아도
거리마다 가 보고 싶은 카페가 넘쳐난다.
그래서 호텔 조식을 먹지 않고
그때그때 눈에 띄는 가게에 들어가 아침을 먹었다.
현지인들과 함께 하루를 시작하는 기분이 새로웠다.
하들리스 커피 하우스Hadley's Coffee House의
에그 베네딕트는 6.5파운드.

York
England

태그와 라벨 세트
생활용품 사이에서 발견

Home Made

gift tag and label set

UK
DESIGN

베티스의 블렌드 티

요크에서 산 기념품은
화려한 일러스트가 그려진 베티스 홍차,
'인생 과자'라고 말할 수 있는
보더Border의 쿠키 시리즈,
작은 가게에서 발견한
귀여운 라벨 세트다.
동네 잡화점에도 귀여운 물건이 많았다.
한참을 구경하다 보니
어느새 폐점 시간을 넘겼다.
좁은 비상구를 지나 뒷문으로 빠져나오는데
비밀 창고에 다녀온 기분이 들었다.

Winchcombe

윈치콤

영국의 진면목을 보고 싶다면
지방으로 가 보는 게 좋다.
그중에서도 코츠월드는
런던 외곽에 위치해 멀지 않으면서도
한가로운 전원 풍경을 즐길 수 있다.
윈치콤의 숙소 라이온인Lion Inn은
16세기에 지어진 건물이다.
중후한 분위기, 색 바랜 계단,
걸을 때마다 쿵쿵 울리는 마루에서
오랜 세월이 고스란히 느껴졌다.
안뜰을 지나 계단을 오르면
2층에 객실이 있다.

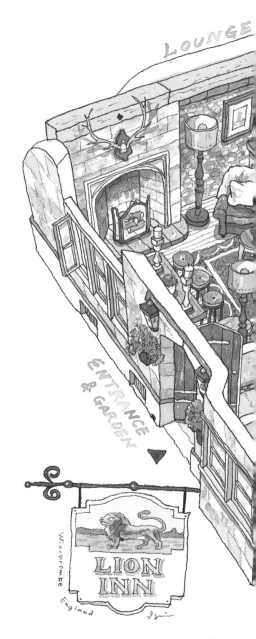

해가 저물어 감에 따라
호텔 라운지는 촛불 빛으로 은은하게
물든다.
그림을 그리며 자세히 살펴보니
석조 벽이 살짝 기울어져 있다.
오래된 건물 특유의 정겨운 느낌이다.
나이 든 앤티크 가구도 낮은 천장에 맞춘 듯
모두 나지막하다.
탁자가 낮아서일까?
할아버지가 등을 구부정하게 숙이고
커피를 마시며 신문을 읽고 있다.
이상한 나라의 앨리스가 되어
미니어처 세계로 들어온 기분이다.

Winchcombe
England

포트

머그컵

라운지의 작은 가구들

은스푼   홍차들   방 번호 키

라운지 뒤로는 바

영국스러운 라벨

Winchcombe
England

코튼

방에 있던 전화기

객실은 낡았지만 부족함이 없다.
분홍색 벽지와 어우러지는 우아한 샹들리에,
깔끔한 리넨 침구,
장인의 손길이 느껴지는 멋스러운 가구,
쾌적한 욕실이 갖춰져 있고
창문 너머 초록색 정원이 싱그럽다.
근처 가게에서 흰 장미 한 다발을 사와 꽂아 두었다.
며칠 동안 같은 방에 머물 때의 습관이다.
꽃 하나로 방의 분위기가 얼마나 밝아지는지!
때로는 길가에 핀 야생화를 꺾어 오기도 한다.

winchcombe England 「THE LION INN」

Bed room

핑크 벽에 샹들리에, 정성스런 디테일

↳ *We are here!*
Room 6

ㅇ ㅈ
chrombe
England

6
6번방 열쇠

가게에서
장미를 샀다

2층의 방 배치도

Bath room

나무 변기 덮개

↑ *up* 안뜰에서 올라간다

Courtyard

'일기일회一期一會'라는 말이 있다.

모든 일을 평생에 단 한 번뿐인 만남처럼 소중히 하라는 뜻이다.

여행을 하며 그리는 스케치도

우연히 마주치는 사람들도

모두 다시 올 수 없는 순간이니까.

펍Pub에 앉아 점심을 먹는데

90세쯤 되어 보이는 할머니가 부축을 받으며 들어왔다.

디저트까지 느긋하게 즐기시는 동안

나도 여유롭게 스케치를 마쳤다.

모델이 되어 주셔서 고맙습니다, 할머니!

드물게도 런치 코스 요리를 제공하는

화이트 하트 인The White Heart Inn에서

이번 여행 처음으로 피시 앤 칩스fish and chips를 먹었다.

나무 쟁반에 먹음직스럽게 놓인 바삭바삭한 튀김을

한입 베어 무니 부드러운 생선살이 입안 가득 차오른다.

영국 요리가 맛없다는 건 완벽한 오해다.

행복은 이렇게 아무것도 아닌 것 같은 데서 온다.

작은
생선 튀김

토마토 케첩

|몬과
|네즈

무스

피쉬앤칩스

|주와
ㄴ빵

|combe
|land

Vegetable Samosas
£0.99 Take Out
At once Heated Take Out
Eat in with salad A£2.50
Food Fanatics

...rian Pie

10

...atics

...k, APPLE
...R
...9

...cs

... ONLY

BEETROOT & Go...
CHEESE
£ 4.30
Food Fanatics
TAKE HOME ONLY

윈치콤에는 오래된 잡화점과 식료품점이 늘어서 있는데
한적한 시골 마을에선 예상치 못할 만큼
품질 좋은 물건으로 가득했다.
가장 추천하고 싶은 것은 밀러스 댐즐스Miller's Damsels 비스킷.
스콘을 응축해 놓은 듯한 비스킷이 무척 맛있다.
하트 오너먼트는 여러 개 사서 친구들에게 선물했다.

버터 밀크 비스킷

ARTISAN
BAKED BY HAND
BISCUITS

MILLER'S
DAMSELS

buttermilk
Hand baked wafers made
from unbleached English
flour, buttermilk and butter
churned in England.

125 e (Net wt. 4.4oz)

커스터드 파우더

just CUSTARD
POWDER

All natural
CUSTARD
POWDER

Real vanilla
flavoured   just

Can also be made
using goats, sheep
or soya milk.

Have you tried
out Vegetarian
Jelly
Crystals?

입욕제와 립밤이 든 백

Bath House

Gin
& TONIC

BATH SALTS & LIP BALM
PAMPER YOURSELF WITH
DELICIOUS TREATS!

PAMPER TREATS
BATH SALTS

캔에 든 립크림

Gin
& TONIC
Lip Balm

Lip
Balm

PAMPER ✿ TREATS
Gift Set

계산대 옆에 있던
하트 오너먼트

The Fine Cheese Co.

BASIL
CRACKERS
150g e (Net wt. 2oz)

The Fine Cheese Co.

CELERY
CRACKERS
150g e (Net wt. 5.3oz)

The Fine Cheese Co.

NATURAL
CRACKERS

A delicate and buttery cracker
for soft & mild cheeses

150g e (Net wt. 5.3oz)

The Fine Cheese Co.

EXTRA VIRGIN
OLIVE OIL
AND SEA SALT
CRACKERS
150g e (Net wt. 5.3oz)

The Fine Cheese Co.

FIG
CRACKERS
150g e (Net wt. 5.3oz)

crombe
land

크래커

Rose & Co.
ENGLAND

Beautifully
BRITISH

3 Hand-Made Bath Fancies
pâtisseries de bain faites à la main

Patisserie
DE BAIN

INSTRUCTIONS
Also

입욕제

LOYD
GROSSMAN®
EXPRESS

CARBONARA
A creamy blend of ham
black pepper and cheese

카르보나라 소스

1924
QUARANTA

케이크 모양 카라멜

Painswick
페인스위크

코츠월드에서 윈치콤 다음 여정인
페인스위크를 찾아가는 길도 쉽지 않았다.
"여기가 맞나요?"
버스 정류장의 할아버지와 운전 기사,
옆자리에 앉은 아주머니에게
길을 묻고 또 물었다.
숙소 카디넘 하우스Cardynham House에서는
처음으로 아침식사를 주문했다.
달걀 5개는 들어간 듯한 오믈렛과
거대한 팬케이크 4장이 나왔다.
맛있었지만 양이 너무 많아서
남기고 말았다.

잉글리시
브렉퍼스트

팬케이크 & 베이컨

토마토와
오믈렛

England
영국

여행을 갈 때마다 사오는 카드는
내 소중한 수집품이다.
이번에도 서점에 들러 카드를 구입했다.
꽃 카드 8장이 연분홍 상자에 담겼는데
디자인과 색감이 무척 아름답고 감각적이다.
'신은 디테일에 있다'는 말처럼
작은 것 하나 하나에 신경을 썼다.
친구의 생일을 축하할 때
고마운 이에게 마음을 전할 때
정성을 함께 담아 보낼 것이다.

Reproduced from an original embroidery

by Jo Butcher. Hand embroidery on a painted background. www.jobutcher.co.uk

Whooper Swans

Ronald Swa

hope this s you feeling TTER soon

well soon

cardmix

펼치면

MADE IN BRITAIN

LETTER UK

FSC

꽃무늬 카드 박스

8 beautiful NOTECARDS

8 beautiful NOTECARDS

Wild flowers
charlotte mason

8 x ☐
8 x ✉

cardmix

이건 식으로 물이 들어 있다

AVANT DE DORMIR

18년 전에 산 조명 케이스

인이 너무 귀여워 버릴 수 없다

gorjeous

Sketches for Coloring

• 칼라링을 위한 그림은 최근 다녀온 발트 삼국에서의 스케치입니다.

Helsink
Finland

kuldga
latv a

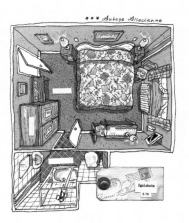

가끔은 길을 헤매도 좋은
유럽 작은 마을 스케치 여행

1판 1쇄 펴냄	2017년 11월 7일
1판 2쇄 펴냄	2018년 1월 3일

지은이	다카하라 이즈미
옮긴이	김정미

출판등록	제2009-000281호(2004.11.15)
주소	121-914 서울시 마포구 상암동 1654 DMC이안오피스텔 1단지 2508호
전화	영업 02-2266-2501 편집 02-2266-2502
팩스	02-2266-2504
이메일	kyrabooks823@gmail.com
ISBN	979-11-5510-055-4 13980

Kyra

키라북스는 (주)도서출판다빈치의 자기계발 실용도서 브랜드입니다.